只要 **1‧2‧3** 步驟，**美味可愛好棒棒**

# 免捏棒狀飯糰

檀野真理子

三悅文化

# CONTENTS

## PART 1 棒狀飯糰 基本樣式

# PART 2

## 料多味美的棒狀飯糰

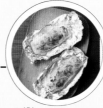

# PART 3

## 用各種食材包捲棒狀飯糰

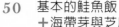
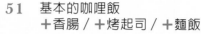

**PART 4 樣式繁多的棒狀飯糰**

- - - - - - - - - - - - - - - - - - - - - - - - - - - - - - - -

**番外篇 特別日子的裝飾用棒狀飯糰**

〈 本書的使用方式 〉
○本書有關分量的表示方式：1 大匙＝ 15㎖，1 小匙＝ 5㎖，少許＝固體部分，
　係指以拇指與食指捏起來的分量；液體部分則是 1～ 2 滴。
○本書所指的全形海苔為長 21㎝ × 寬 19㎝。
○基本上，平底鍋係使用鐵氟龍鍋。
○本書所使用的油為芥花籽油，但家中若沒這種油時，也可使用沙拉油等平
　常使用的食用油。

# **棒狀飯糰** 的魅力是……

## ❶ 容易製作

在忙碌的早上，可利用家中的食材輕鬆製作。

## ❷ 便於食用

使用保鮮膜包覆，攜帶外出食用時不會弄髒雙手。

## ❸ 外觀可愛

當作午餐的便當可向人炫耀！也可當作家庭派對的點心。

作為推薦的場景，首推這種棒狀便當。
由於外形花俏可愛，會讓人禁不住想要炫耀一番。
攜帶外出時不需使用筷子就可食用，非常方便。
此外，作為家庭派對點心或伴手禮也兩相宜。
外觀時尚，話題性十足。
攜帶外出時容易裝在盒內，外形不會破壞。

### 保存也很輕鬆愉快！

將保鮮膜包覆的棒狀飯糰放入保存袋之中，再放入冰箱的冷藏或冷凍室內，可以保存1日～1週。在各式棒狀飯糰的製作上方，均載有冷藏保存與冷凍保存的大致日期，請參考。

#### 大約加熱時間

- 冷藏室保存→微波爐（600W）50秒～1分鐘
- 冷凍室保存→微波爐（600W）1分40秒～1分50秒
※ 也有不需使用微波爐加熱的棒狀飯糰，請確認各食譜。

飯糰樣式推陳出新，
製作棒狀飯糰，每天都可快樂享用！

# 基本製作方法

想製作美味、華麗的棒狀飯糰，首先請詳細閱讀本文基本的製作方法。
保鮮膜包覆方式是成功的關鍵！

【材料】2 個

米飯（溫熱）···························· 160g※

烤好的鹹鮭魚 ···························· ¼ 片

※ 米飯為飯碗 1 杯分量，可製成 2 個飯糰。
※ 1 個基本的棒狀飯糰大小約為長 12cm ×
寬 4cm。

## 1 搓鬆食材

將鹹鮭魚放入碗中，去除魚皮與骨後用筷子均勻搓鬆。

## 2 將米飯與食材混勻

將 1 加入米飯中，用飯勺輕快地混合。

## 3 將米飯盛在保鮮膜上

將保鮮膜切成約 30cm，拉開四個角。將 2 的一半盛在保鮮膜中央，攤成長 10～12cm。

## 4 將保鮮膜的前後貼合起來

將最靠近面前這邊與對邊的保鮮膜拉起貼合在一起。

## 5 整理成條棒狀

將米飯置於保鮮膜的中央，整理成條棒狀，將面前這邊與對邊的保鮮膜疊合並摺疊起來。

## 6 包覆

〈糖果包裝法〉

or

〈四角形包裝法〉

將保鮮膜的摺疊面往內摺，再旋緊左右兩邊的保鮮膜並固定。再將旋緊的部分向內摺疊，用手整理成筒狀形就完成了。

將保鮮膜的摺疊面往內摺，再將左右兩邊的保鮮膜貼合起來，再往裡面摺回。用手整理成長方形就完成了。

# 裝飾搭配的食材

在棒狀上面平均裝飾食材，不僅外觀漂亮，也能一路玩賞裝飾食材的樂趣直到完成，因此，建議裝飾食材。

□ 擺置搭配的食材

基本製作方法至最後包覆起來後，再次打開保鮮膜，一面思考如何搭配食材，一面均衡擺置。

□ 讓搭配的食材融入飯中

形狀凹凸的食材可用筷子從食材的上方推壓，使融入飯中。再次重新包覆後就完成了。

---

造型 2

# 以搭配的食材為中心放入飯糰中

將蘆筍、起司條或炸蝦等棒狀的食材包覆在棒狀飯糰裡面，製作方便。使用壽司卷的壓捲要領包覆。

□ 在米飯上搭配的食材

保鮮膜切成 30cm 左右，在中央將米飯鋪成 10×12cm 的大小（配合包覆飯糰的長度）。在離中央稍靠近面前之處搭飾食材。

□ 以搭配的食材為芯包捲起來

將面前的保鮮膜提起，從上面覆蓋搭配的食材並包捲起來。保鮮膜提起時需避免捲入裡面，與基本的製作方法❺、❻同樣方式包覆就可製作完成。

---

造型 3

# 將搭配的食材夾在中間

將食材夾在米飯中，有點較為特別的棒狀飯糰。即便切成一口大小，切面仍很漂亮。

□ 將搭配的食材盛放在一半分量的米飯上

保鮮膜切成 30cm 左右，將做成棒狀飯糰 1 個分量的米飯中的一半分量（約 40g）鋪成棒狀，再將搭配之食材鋪在上面，需避免超出米飯的範圍。

□ 將其餘的米飯盛在食材上

將其餘的米飯均勻鋪在食材上。與基本的製作方法❺、❻的〈四角形包裝法〉同樣方式包覆就可製作完成。

# 製作方法的祕訣

從基本至各式飯糰，本書彙整形狀各異其趣的飯糰製作祕訣，
熟練後就可成為製作棒狀飯糰的達人！

## 祕訣 ① 食材切碎需大小均一

攪入米飯中的食材需切丁成形狀一致約 5mm大小。太大的話會難以攪入米飯中，且捏成棒狀時容易潰散。形狀一致的話，外觀漂亮，且容易攪入米飯中，建議如此製作。

## 祕訣 ② 去除食材多餘的油脂

將肉類等食材攪入米飯中時，儘量將油脂去除是重點所在。用平底鍋等炒熟時，可用餐巾紙吸取油脂。油脂太多的話，與米飯攪混時，飯粒之間會稀稀疏疏，難以凝聚。

## 祕訣 ③ 大塊食材可用海苔包覆

將唐揚（油炸）炸雞等大塊食材盛在米飯上時，做成棒狀的話容易潰散是其難處，這時可使用海苔包覆。用海苔包覆表面，可補強棒狀的形狀，不容易潰散。

## 祕訣 ④ 燒烤時輕輕翻面

米飯的性質是，冷掉後就會變硬，加熱就會變軟，且容易潰散。將米飯烤成微焦黃色，處理時需加以注意。特別是形成棒狀的飯糰，翻面時用另一隻手扶著，就可烤得很漂亮。

## 祕訣 ⑤ 靈活運用包裝方式

糖果包裝法（下）為圓形斷面；四角形包裝法（上）係在四個角落形成角，斷面為橢圓形（包裝方式請參閱 P6）。由其形狀可知，糖果包裝法就是有如與菜、肉一起炊煮的米飯或什錦飯，食材均勻混入的飯糰，而四角包裝法則是搭飾大塊食材的飯糰。

## 祕訣 ⑥ 稍微冷卻是最適合吃的時候

棒狀飯糰最適宜吃的時間並不是剛做好時，而是稍微冷卻後，米飯不會潰散的時候。趁米飯熱騰騰時包覆成棒狀，再輕輕地打開保鮮膜，邊讓蒸氣散發邊冷卻。之後再包覆，OK！

# 棒狀飯糰活用法

既非圓形,也非三角形的棒狀!便於食用、方便攜帶、外觀花俏…。
以下介紹運用各種魅力的活用法。

## 其一

### 製成便當

米飯中食材豐盛,只需再添加蔬菜與水果,就製成便當了!因是棒狀,容易裝入便當盒內,孩童也方便食用是其優點。使用唐揚炸雞等豐盛食材,食量再大的男孩子一定也會有飽足感。

## 其二

### 方便外出食用

包著保鮮膜攜帶外出,不需使用筷子,用手就可食用就是一個令人愉快的亮點。比圓形或三角形飯糰來較不易潰散,且容易攜帶!在戶外野餐,或運動會及遠足等食用,與便當完全一樣。由於口味的種類變化很多,打開便當時保證會歡呼大叫!

## 其三

### 家庭派對點心

種類豐盛的棒狀飯糰。使用生魚片或生火腿等豐富的食材製作,可成為宴請客人的美味點心。切成 3～4 等分的話,可搖身一變成為像手鞠壽司那般一口大小的飯糰。口味挑剔的客人對於這樣的點心也會讚不絕口吧!

# PART ❶

# 棒狀飯糰
# 基本樣式

從許多棒狀飯糰中選出任誰都喜愛無比的高人氣食譜。色、香、味俱全,且種類豐富,很適合於做成便當。

毛豆的綠色搭配鮭魚的橘色

秀色可餐

奶油起司

搭配醬油柴魚片,香味繞舌!

海苔的香味

搭配梅子的酸味,口味清爽

01

02

03

## RECIPE 01 梅干搭配青海苔

保存方法 冷藏 1日 / 冷凍 1週 / 加熱 OK

【材料】2個飯糰分量

| | |
|---|---|
| 米飯 | 160g |
| 梅干 | 小2粒 |
| 青海苔 | 適量 |
| 鹽 | 少許 |

【製作方法】

❶ 將梅干籽取出。

❷ 將米飯的一半分量盛在保鮮膜上,包覆成棒狀。

❸ 打開保鮮膜,撒上鹽巴,將青海苔撒成斜條紋狀,在中央放上梅干後重新包覆。以同樣方式製作另一個飯糰。

· · · · · · · · · · · · · · · · · · · · · · · · · · · ·

## RECIPE 02 鮭魚搭配毛豆

保存方法 冷藏 1日 / 冷凍 1週 / 加熱 OK

【材料】2個飯糰分量

| | |
|---|---|
| 米飯 | 160g |
| 鮭魚 | ¼片 (20g) |
| 毛豆 (用鹽水煮過後,從豆莢取出豆仁) | 10～12粒 |
| 醬油 | 少許 |

【製作方法】

❶ 將鮭魚肉烤成微焦黃色,去骨與皮後搓鬆。

❷ 將米飯盛在碗中,再將❶與醬油放入混合拌勻。將一半分量盛在保鮮膜上,包覆成棒狀。

❸ 將鮭魚肉烤成微焦黃色,去骨與皮後搓鬆。

· · · · · · · · · · · · · · · · · · · · · · · · · · · ·

## RECIPE 03 奶油起司搭配醬油柴魚片

保存方法 冷藏 1日 / 加熱 NG

【材料】2個飯糰分量

| | |
|---|---|
| 米飯 | 160g |
| 奶油起司 | 30g |
| 細蔥 | ½根 |
| 柴魚片、醬油 | 各適量 |

【製作方法】

❶ 將奶油起司切成 1cm方塊,並將細蔥切成蔥花。

❷ 將柴魚片、蔥花與醬油放入碗內拌勻,再加入米飯混合。將一半分量盛至保鮮膜上,包覆成棒狀。

❸ 打開保鮮膜,將奶油起司的一半分量放在飯糰上排成一列後重新包覆。以同樣方式製作另一個飯糰。

PART 1 基本樣式

米糠醃製的鹹味

具有獨特的風味

配合棒狀起司長度

製成飯糰

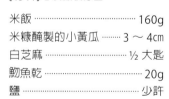

## RECIPE 04 紅紫蘇粉搭配起司條

【材料】2 個飯糰分量

| | |
|---|---|
| 米飯 | 160g |
| 起司條 | 2 條 |
| 紅紫蘇粉 | ½ 小匙 |
| 海苔 | ¼ 片 ×2 片 |

保存方法
冷藏 1 日
冷凍 1 週
加熱 OK

【製作方法】

① 將米飯盛入碗內，放入紅紫蘇粉後混合拌勻。在保鮮膜上，將米飯一半分量鋪成 12 cm寬。

② 將起司條 1 條橫置在①上，再將面前與另一邊的保鮮膜疊合起來，將起司夾在中間，並將保鮮膜的兩端旋緊，整理成圓筒型。

③ 打開保鮮膜，外側用海苔包捲。以同樣方式製作另一個飯糰。

## RECIPE 05 米糠醃製的小黃瓜搭配魛魚

【材料】2 個飯糰分量

| | |
|---|---|
| 米飯 | 160g |
| 米糠醃製的小黃瓜 | 3 ～ 4㎝ |
| 白芝麻 | ½ 大匙 |
| 魛魚乾 | 20g |
| 鹽 | 少許 |

保存方法
冷藏 1 日
加熱 NG

【製作方法】

① 小黃瓜切成薄片。

② 將米飯盛入碗內，放入魛魚乾、芝麻及鹽後混合拌勻，將一半分量鋪在保鮮膜上，包覆成棒狀。

③ 打開保鮮膜，將小黃瓜的一半分量一片片稍微重疊擺成一列後重新包覆。以同樣方式製作另一個飯糰。

烤成微焦黃色

塗上醬油和味醂

06

含有韭菜的米飯

增強體力滿分！

07

## RECIPE 06 烤玉米風味

【材料】2 個飯糰分量

| | |
|---|---|
| 米飯 | 160g |
| 玉米粒罐頭 | 1 大匙 |
| 鹽、醬油、味醂 | 各少許 |

保存方法
冷藏
1日
冷凍
1週
加熱
OK

【製作方法】

1 將米飯、玉米及鹽放入碗中混合拌勻，各將一半的分量盛在包鮮膜上，包覆成棒狀。用手按壓，使飯糰稍微變形。

2 以中火在平底鍋中烤熱，將❶的兩面烤成微焦黃色。

3 用刷子將醬油與味醂的混合醬汁塗在飯糰的兩面，再將表面烤成酥脆。

## RECIPE 07 豬肉泡菜

【材料】2 個飯糰分量

| | | | |
|---|---|---|---|
| 米飯 | 160g | 醬油、味醂、 | |
| 豬肉絲 | 40g | 芝麻油 | 各少許 |
| 泡菜 | 40g | 鹽、胡椒 | 各少許 |
| 韭菜 | 1根 | 海苔 | ¼ 片 × 2 片 |

【製作方法】

1 將豬肉剁碎，泡白菜瀝乾水分後切細，韭菜也切細。

2 用平底鍋將芝麻油加熱，放入豬肉與泡菜炒香，加入味醂後炒至水分收乾。

3 將米飯、韭菜、鹽、胡椒放入碗中混合拌勻。在保鮮膜上放置切成菱形的海苔，上面鋪上米飯一半分量。將❷盛在米飯上成一列橫向，再包覆成棒狀。以同樣方式製作另一個飯糰。

柴漬的顏色*

美不勝收！

08

大蒜&奶油的

洋風飯糰

09

使用栗子

立即完成栗子飯！

10

*柴漬：將茄子、青瓜等材料切絲後用紅紫蘇葉醃製而成的漬物。

## 08 柴漬搭配海帶芽

保存方法　冷藏1日　冷凍1週　加熱OK

【材料】2個飯糰分量

| | |
|---|---|
| 米飯 | 160g |
| 柴漬 （粗略切碎） | 2大匙 |
| 乾海帶芽 | 1撮 |
| 鹽 | 少許 |
| 白芝麻 | 2撮 |

【製作方法】

1　用手將乾海帶芽乾粗略弄碎。除了芝麻外，將全部材料放入碗中混合拌勻，將一半分量盛在保鮮膜上，包覆成棒狀。

2　打開保鮮膜，將芝麻撒在中央後重新包覆。以同樣方式製作另一個飯糰。

## 09 奶油金針菇

保存方法　冷藏1日　冷凍1週　加熱OK

【材料】2個飯糰分量

| | |
|---|---|
| 米飯 | 160g |
| 金針菇 | ¼袋 （40g） |
| 蒜泥 | 些許 |
| 醬油 | 少許 |
| 奶油 | ½小匙 （2g） |
| 細蔥 （切成蔥花） | 少許 |

【製作方法】

1　將金針菇切細。奶油放入平底鍋中加熱後炒金針菇，加入蒜泥、醬油，炒至汁液收乾。

2　將米飯盛入碗內後放入❶混合拌勻，將一半分量盛在保鮮膜上，包覆成棒狀。

3　打開保鮮膜，將蔥花撒在中央後重新包覆。以同樣方式製作另一個飯糰。

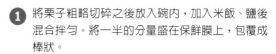
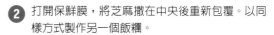
PART 1　基本樣式

## 10 栗子

保存方法　冷藏1日　冷凍1週　加熱OK

【材料】2個飯糰分量

| | |
|---|---|
| 米飯 | 160g |
| 栗子 （剝殼） | 30g |
| 黑芝麻 | 2撮 |
| 鹽 | 少許 |

【製作方法】

1　將栗子粗略切碎之後放入碗內，加入米飯、鹽後混合拌勻。將一半的分量盛在保鮮膜上，包覆成棒狀。

2　打開保鮮膜，將芝麻撒在中央後重新包覆。以同樣方式製作另一個飯糰。

— MEMO —

使用蒸熟的地瓜代替栗子製成的飯糰也香甜好吃！

就是將鮪魚汁液完全瀝乾

製作秘訣

## ⑪ 鮪魚搭配青花椰菜

【材料】2 個飯糰分量

保存方法
冷藏 1 日
冷凍 1 週
加熱 OK

米飯 ························ 160g
鮪魚（無油）
 ················· 1 小罐（70g）
青花椰菜 ·········· 3 ～ 4 朵
醬油 ······················ 1 小匙
鹽、胡椒 ············· 各少許

【製作方法】

1. 將鮪魚汁液完全瀝乾。青花椰菜加鹽煮軟後剝成 8 ～ 10 小朵。

2. 將米飯、鮪魚、鹽、胡椒及醬油放入碗內混合拌勻，再將一半分量盛在保鮮膜上，包覆成棒狀。

3. 打開保鮮膜，將青花椰菜的一半分量並排在飯糰上後重新包覆。以同樣方式製作另一個飯糰。

## RECIPE ⑫ 日本黃蘿蔔乾 搭配蘿蔔麴漬

【材料】2 個飯糰分量

保存方法
冷藏 1 日
加熱 NG

米飯 ······················· 160g
日本黃蘿蔔乾、蘿蔔麴漬
（切成薄半月形）
 ·························· 各 4 片
鹹昆布 ···················· 2 撮
白芝麻 ·················· ½ 小匙
鹽 ··························· 少許

【製作方法】

1. 將米飯、鹹昆布（太長時用剪刀剪短）、芝麻及鹽放入碗內混合拌勻，將一半分量盛在保鮮膜上，包覆成棒狀。

2. 打開保鮮膜，將日本黃蘿蔔乾搭配蘿蔔麴漬各 2 片在飯糰上交互並排後重新包覆。以同樣方式製作另一個飯糰。

漂亮並排的日本黃蘿蔔乾

搭配蘿蔔麴漬鮮豔奪目

## RECIPE 13 烤鱈魚卵搭配山芹菜

保存方法
冷藏 1日
冷凍 1週
加熱 OK

【材料】2個飯糰分量

| | |
|---|---|
| 米飯 | 160g |
| 鱈魚卵 | ½ 條 |
| 山芹菜 | 4 根 |
| 鹽 | 少許 |

【製作方法】

1. 將鱈魚卵烤成微焦黃色，切圓塊成六等分。將山芹菜切碎。

2. 將米飯、山芹菜及鹽放入碗內混合拌勻，將一半分量盛在保鮮膜上，包覆成棒狀。

3. 打開保鮮膜，在飯糰上將烤鱈魚卵的一半並排後重新包覆。以同樣方式製作另一個飯糰。

## RECIPE 14 淺漬茄子

保存方法
冷藏 1日
加熱 NG

【材料】2個飯糰分量

| | |
|---|---|
| 米飯 | 160g |
| 淺漬茄子 | ½ ～ 1 條 |
| 蘘荷 | 1 根 |
| 青紫蘇 | 2 片 |

【製作方法】

1. 淺漬茄子切成圓塊薄片，蘘荷與青紫蘇切碎。

2. 將米飯、蘘荷與青紫蘇放入碗內混合拌勻，將一半分量盛在保鮮膜上，包覆成棒狀。

3. 打開保鮮膜，在飯糰上將淺漬茄子的一半分量每片稍微重疊排列後重新包覆。以同樣方式製作另一個飯糰。

PART 1 ～ 基本樣式

脆爽的山芹菜堪稱絕配

鱈魚卵的鹹味與

做好後請立即端上桌！

淺漬茄子的顏色容易變色

13

14

與肉、菜一起炊煮的米飯基本作法

入味的油炸豆皮搭配

竹筍是重點所在

鮮嫩的嫩薑

搭配豌豆很適配

竹筍搭配培根的甜味

凝縮的美味！

15

16

17

**RECIPE 15 與竹筍一起炊煮的米飯**

【材料】4 個飯糰分量

| | |
|---|---|
| 米 | 1 杯 |
| 竹筍 | 1 小個 |
| 油炸豆皮 | 1 片 |
| A 醬油、味醂 | 各 1 大匙 |
| 鹽 | ½ 小匙 |
| 日式高湯 | 200㎖ |
| 花椒芽 | 8 枝 |

【製作方法】

❶ 將竹筍切成扇形（銀杏葉形）。
油炸豆皮切絲。

❷ 將洗淨的米、❶及 A 放入電鍋中，將水加至 1 杯刻度，開始煮飯。

❸ 將❷的 ¼ 分量盛在保鮮膜上，包覆成棒狀。打開保鮮膜，將花椒芽 2 枝放在飯糰上後重新包覆。以同樣方式製作另外三個飯糰。

- - - - - - - - - - - - - - - - - - - - - - - - - - - - - - - - - -

 **RECIPE 16 與豌豆、嫩薑一起炊煮的米飯**

【材料】4 個飯糰分量

| | |
|---|---|
| 米 | 1 杯 |
| 豌豆 | ½ 杯（60 ～ 70g） |
| 嫩薑 ※ | 10 ～ 15g |
| 昆布 | 5㎝大小方塊 1 片 |
| 鹽 | ½ 小匙 |

※ 無法取得時，可用一般的薑切絲代替，瀝乾水分後使用也 OK。

【製作方法】

❶ 將水 400㎖ 及鹽少許（分量外）、豌豆放入鍋中煮軟後靜置冷卻。薑切絲。

❷ 將洗淨的米、❶的汁液及鹽放入電鍋中，將水加至 1 杯刻度。放入昆布開始煮飯，煮熟時加入❶的豌豆與薑絲混勻，燜 10 分鐘。

❸ 取去昆布，在保鮮膜上分別放置 ¼ 分量，再包覆成棒狀。

- - - - - - - - - - - - - - - - - - - - - - - - - - - - - - - - - -

 **RECIPE 17 與鴻禧菇、培根一起炊煮的米飯**

【材料】4 個飯糰分量

| | |
|---|---|
| 米 | 1 杯 |
| 鴻禧菇 | ½ 包 |
| 培根 | 2 片 |
| 醬油、味醂 | 各 1 大匙 |
| 鹽、胡椒 | 各少許 |

┌─ MEMO ─
│ 鴻禧菇亦可用蘑菇、香菇取代。
└

【製作方法】

❶ 鴻禧菇去蒂頭後撥散。培根切成 1㎝ 寬。將平底鍋加熱，放入鴻禧菇、培根，同時淋上醬油與味醂，炒至汁液收乾。

❷ 將洗淨的米、❶鹽及胡椒放入電鍋中，將水加至 1 杯刻度，開始煮飯。

❸ 在保鮮膜上，將❷各放置 ¼ 分量，再包覆成棒狀。

與肉、菜一起炊煮的米飯基本作法

嚼勁十足的牛蒡雞肉油飯

享受口感Q彈

雜穀有益健康！

含膳食纖維與鐵分豐富的羊栖菜

18

19

---

**RECIPE 18　牛蒡雞肉油飯**

保存方法
冷藏 1日
冷凍 1週
加熱 OK

【材料】4 個飯糰分量

| 糯米 | 1 杯 |
| 雞腿肉 | 100g |
| 牛蒡 | 10 ～ 15cm |
| 紅蘿蔔 | 2 ～ 3cm |

A
醬油、酒 各 1 大匙
砂糖 1 小匙
鹽 ½ 小匙

【製作方法】

① 雞腿肉切丁成 1cm 大小。牛蒡削成細片，紅蘿蔔切絲。

② 將洗淨的糯米、①、A 放入電鍋中，將水加至 1 杯刻度，雞肉與牛蒡避免疊置，靜置30 分鐘以上後才開始煮飯。

③ 將②各放置 ¼ 分量在保鮮膜上，再包覆成棒狀。

---

**RECIPE 19　與羊栖菜、梅子一起炊煮的米飯**

保存方法
冷藏 1日
冷凍 1週

加熱 OK

【材料】4 個飯糰分量

| 米 | 1 杯 |
| 羊栖菜芽（乾燥） | 3g |
| 乾硬梅子 | 5 ～ 6 粒 |
| 綜合雜穀 | 30g |
| 鹽 | 少許 |

【製作方法】

① 將羊栖菜泡水恢復原狀。將乾硬梅子的籽去掉後粗略切碎。

② 將洗淨的米放入電鍋，水加至比 1 杯刻度還稍多些。再將羊栖菜與綜合雜穀放入，加入鹽巴，靜置 30 分鐘以上後才開始煮飯。

③ 煮熟後加入梅子混勻。將各 ¼ 分量分別盛在保鮮膜上，再包覆成棒狀。

# 與番茄醬一起炊煮的米飯

保存方法 冷藏1日 冷凍1週 加熱OK

【材料】4 個飯糰分量

米 ····· 1 杯
雞腿肉 ····· ¼ 塊（70g）
培根 ····· 1 片
洋蔥 ····· ⅛ 顆
玉米粒罐頭 ····· 30g
四季豆 ····· 2 條
鹽 ····· 少許
胡椒 ····· 少許
番茄醬 ····· 2 大匙

【製作方法】

1 雞肉切丁約 1cm、培根 1cm寬、洋蔥切碎。將洗淨的米及四季豆以外的食材全部放入電鍋中，將水加至 1 杯刻度後開始煮飯。

2 煮熟後，將四季豆放在上面，燜 10 分鐘。將四季豆取出，切成 1cm長。

3 將煮熟的米飯的 ¼ 分量盛在保鮮膜上，包覆成棒狀。打開保鮮膜，將四季豆約 6 顆在飯糰上排成一列。以同樣方式製作另外三個飯糰。

肚子餓時方便食用

很受小孩子歡迎的番茄醬

PART 1 基本樣式

# PART ❷

# 料多味美的
# 棒狀飯糰

內含魚貝肉類、飽足感十足的棒狀飯糰大集合。意外的搭配、令人驚豔的菜單及巨無霸飯糰同時登台亮相。端到飯桌上一定成為亮點話題。

RECIPE
㉑ **炸蝦飯糰風味**

保存方法
冷藏 1日　冷凍 1週　加熱 OK

【材料】2 個飯糰分量

| | |
|---|---|
| 米飯 | 160g |
| 煮熟的蝦子 | 2 隻 |
| 麵味露（3 倍濃縮） | 3 大匙 |
| 油炸碎屑（麵花） | 3 大匙 |
| 海苔 | ¼ 片 × 2 片 |
| 鹽 | 少許 |

【製作方法】

① 煮熟的蝦子去殼，切成 1 ～ 2cm長。將麵味露放入平底鍋，煮至剩 ¼ 的汁量〈下方照片 a〉。

② 將米飯、油炸碎屑（麵花）及鹽放入碗中混合拌勻。

③ 將海苔放在保鮮膜上，再將②的一半分量鋪在海苔上，包覆成棒狀。打開保鮮膜，將蝦子的一半分量在飯糰上排成一列，塗上麵味露後重新包覆。以同樣方式製作另外一個飯糰。

\ POINT! /

〈a〉

麵味露若直接塗到飯糰上，味道較淡，且飯糰容易崩散，因此需煮乾成糊狀。

使用煮熟蝦子與油炸碎屑，搖身一變為立即可吃的炸蝦風味飯糰

盛在飯糰上 將廣受喜愛的拉麵食材

## (22) 拉麵的搭配食材

【材料】2 個飯糰分量

| | |
|---|---|
| 米飯 | 160g |
| 叉燒肉（市售商品） | 2 小片 |
| 調味竹筍 | 20g |
| 煮蛋（參閱 POINT） | 1 顆 |
| 海苔 | 3cm×10cm×2 片 |

【製作方法】

① 將煮蛋切成四等份。

② 將米飯的一半分量盛在保鮮膜上，包覆成棒狀。

③ 打開保鮮膜，將煮蛋與竹筍的一半分量縱向排列，放上叉燒肉，再將海苔如帶子般環繞著。以同樣方式製作另外一個飯糰。

\ POINT! /

☑ **煮蛋的製作方式**

1 將水放入鍋中煮沸時，放入雞蛋煮 7 分鐘。用冷水冷卻後剝殼。

2 將醬油、酒、砂糖各 2 大匙、蔥的綠色部分少許、生薑少許等放入另一個鍋中約煮 5 分鐘後，放涼到用手碰觸不會太熱的程度。

3 將①、②放入塑膠袋內，醃製半日。

煮蛋放入塑膠袋中時，需將袋內空氣壓出後密閉。醃製中翻一下煮蛋可更入味。

與棒狀飯糰很適配！

具有濃郁香味的起司

# RECIPE 23 含有起司的油炸竹輪

保存方法
冷藏 1日
冷凍 1週
加熱 OK

【材料】2 個飯糰分量

| | | | |
|---|---|---|---|
| 米飯 | 160g | 櫻花蝦（乾燥） | 3大匙 |
| 竹輪 | 2條 | 鹽 | 少許 |
| 起司條 | 2條 | 海苔 | ¼片 × 2片 |
| A 天婦羅粉、水 | 2大匙 | 炸油 | 適量 |
| 青海苔醬 | 1小匙 | | |

【製作方法】

1 將起司塞入竹輪洞內〈右照片 a〉。在碗中混合 A 後做成麵衣沾裹竹輪；炸油加熱成中溫後，將竹輪油炸得火候剛好。

2 將米飯、用手撕碎的櫻花蝦及鹽等放入碗中混合拌勻。

3 將海苔放在保鮮膜上，2的一半分量鋪在海苔上，再將1的竹輪 1 條放在上面，包覆成棒狀。以同樣方式製作另外一個飯糰。

\ POINT! /

〈a〉

將起司條塞入竹輪洞內。若無粗細剛好的起司時，可將加工乳酪（processed cheese）切成洞的大小代替也 OK。

意外地與米飯絕配！

章魚燒的食材

 **章魚燒風味**

RECIPE 24

保存方法
冷藏 1日
冷凍 1週
加熱 OK

【材料】2 個飯糰分量

| | |
|---|---|
| 米飯 | 160g |
| 煮熟的章魚 | 20g |
| 紅生薑 | 1 大匙 |
| 油炸碎屑 | 2 大匙 |
| 鹽、青海苔 | 各少許 |

撒在食物最上層用的食材

| | |
|---|---|
| 柴魚片、青海苔 | 各 2 撮 |
| 中濃醬汁 | 適量 |

【製作方法】

**1** 煮熟的章魚與紅生薑切碎〈右照片 a〉。

**2** 將米飯、**1**、油炸碎屑、鹽、青海苔放入碗中混合拌勻後，將各一半分量分別盛在保鮮膜上，包覆成棒狀。用手將上面壓平。

**3** 平底鍋以中火加熱，將 **2** 的兩面燒烤成微焦黃色。盛在盤子上，塗上醬汁，再將柴魚片與青海苔撒在上面。

\ POINT! /

〈a〉

將章魚燒的食材全部放入碗中。特別是章魚需切碎，否則米飯容易崩散。

# RECIPE 25 白醬焗烤飯

【材料】2 個飯糰分量

| | |
|---|---|
| 米飯 …………………… 160g | 太白粉水 ……………………… 少許 |
| 洋蔥 …………………… ⅛ 個 | **B** 鹽、胡椒、法式清湯塊 |
| 火腿 …………………… 2 片 | …………………………… 各少許 |
| 披薩醬（市售商品）…… 1 大匙 | 奶油 …………………………… 5g |
| **A** 牛奶 ………………… 50㎖ | 披薩用起司片 ………………… ½ 片 |
| 鹽、胡椒 ………… 各少許 | |

【製作方法】

① 將洋蔥與火腿切丁 1cm。在平底鍋中將奶油加熱，洋蔥與火腿炒香，加入 **A** 後煮 2 ～ 3 分鐘。用太白粉水勾芡〈右照片 a〉。

② 將米飯與 **B** 放入碗中混合拌勻後，將各一半分量分別盛在保鮮膜上，包覆成棒狀。用手從上面壓平後打開保鮮膜，塗上披薩醬，將①各一半分量分別淋在上面，起司也放在上面。

③ 在鋁箔紙上塗上奶油（分量外），放上②後用烤麵包機烤至呈現焦黃色，約烤 5 分鐘。

\ POINT! /

〈a〉

僅製作少量白醬時，建議用太白粉水勾芡。邊用橡皮刮刀攪拌邊加入。

PART 2 料多味美

淋上白醬
宛如棒狀的焗烤！

包有香腸的
獨特美式熱狗型

馬鈴薯沙拉的微酸味

與米飯很對味

在番茄醬飯中包有午餐肉

用蛋皮包覆

27

28

26

## 蛋包飯

保存方法
冷藏 1日｜冷凍 1週｜加熱 OK

【材料】2 個飯糰分量

| | |
|---|---|
| 米飯 | 160g |
| A 罐頭火腿肉（切丁 1cm） | 50g |
| A 番茄醬 | 1 大匙 |
| A 鹽、胡椒、法式清湯塊 | 各少許 |
| B 蛋液 | 1 顆份 |
| B 牛奶 | 1 大匙 |
| B 太白粉水、鹽、胡椒 | 各少許 |
| 奶油 | 5g |
| 依喜好添加番茄醬 | 適量 |

【製作方法】

1 將米飯與 A 放入碗中混合拌勻後，將各一半分量分別盛在保鮮膜上，包覆成棒狀。

2 在另一個碗中將 B 混合拌勻。用平底鍋將奶油的一半加熱，放入 B 的一半分量，煮至半熟時，將①放在內側的一邊，再以米飯為中心捲起。

3 烤熟後取出，用餐巾紙推壓整理形狀。以同樣方式製作另外一個飯糰。

## 美式熱狗風味

保存方法
冷藏 1日｜冷凍 1週｜加熱 OK

PART 2 料多味美

【材料】2 個飯糰分量

| | |
|---|---|
| 米飯 | 160g |
| A 番茄醬 | 1 大匙 |
| A 法式清湯塊 | ½ 小匙 |
| A 鹽、胡椒 | 各少許 |
| 香腸 | 2 條 |
| 熱狗用棒或筷子 | 2 根 |
| 依喜好沾番茄醬 | 適量 |

【製作方法】

1 將米飯與 A 放入碗中混合拌勻。

2 將香腸表面斜切大條淺痕，之後放入平底鍋中燒烤至微焦黃後，插上熱狗棒。

3 將①的一半分量分別盛在保鮮膜上，再放上②的 1 根香腸後，用米飯將周圍包覆起來。以同樣方式製作另外一個飯糰。食用時依喜好沾上番茄醬。

## 馬鈴薯沙拉

保存方法
冷藏 1日
加熱 NG

【材料】2 個飯糰分量

| | |
|---|---|
| 米飯 | 80g |
| 馬鈴薯沙拉（參閱 POINT） | 50g |
| 午餐肉薄片 | 2 片 |

【製作方法】

1 將米飯的一半分量分別盛在保鮮膜上，再放上馬鈴薯沙拉。包覆成棒狀。

2 打開保鮮膜，用火腿從米飯的一邊包覆，重新捲起。以同樣方式製作另外一個飯糰。

＼ POINT! ／

☑ **馬鈴薯沙拉**（約200g）**的製作方法**

1 將馬鈴薯 1 顆（約 150g）連皮用包鮮膜包覆，以微波爐（600w）加熱 3～4 分鐘後剝皮，放入碗內。

2 將小黃瓜 ¼ 條切成薄片，揉入鹽巴；將午餐肉 2 片切丁 1cm。

3 將 2 與 4 大匙美乃滋，以及砂糖、檸檬汁、鹽、胡椒各少許放入 1 中，將馬鈴薯邊搗碎邊混合。

將油炸豆皮一片縱切
製成特大號的豆皮壽司

令人驚喜
如夢幻般奢華的軍艦卷

以秋刀魚罐頭取代鰻魚
簡便的鰻魚飯三吃

29

30

31

# 巨無霸豆皮壽司

保存方法
冷藏 1日　加熱 NG

【材料】2 個飯糰分量

| | |
|---|---|
| 米飯 | 160g |
| 油炸豆皮 | 1 片 |
| **A** 日式高湯 | 200ml |
| 醬油、味醂 | 各 1 大匙 |
| 砂糖 | 1 小匙 |
| **B** 小魚山椒（佃煮） | 2 大匙 |
| 醋 | ½ 大匙 |

【製作方法】

① 將油炸豆皮去油之後，直切成一半，打開成袋狀。在鍋中煮 **A**，放入油豆皮後蓋上鍋內蓋。將汁液煮至幾乎收乾，約煮 10 分鐘。

② 將米飯、**B** 在碗中混合拌勻，再將各一半分量分別盛在保鮮膜上，其寬度與油炸豆皮一樣，並包覆成棒狀。

③ 將①的汁液瀝乾，填入②。

# 牛排軍艦卷

保存方法
冷藏 1日　加熱 NG

【材料】2 個飯糰分量

| | |
|---|---|
| 米飯 | 160g |
| 牛排肉 | 60g |
| 鹽、胡椒 | 各適量 |
| **A** 醬油、顆粒芥末醬 | 各 1 小匙 |
| 顆粒芥末醬 | ½ 大匙 |
| 海苔 | 切成 3.5cm × 4 片 |
| 細蔥 | 適量 |

【製作方法】

① 牛肉撒上鹽及胡椒後，放進已用大火加熱的平底鍋上，將表面唰地烤一下，關火。牛肉用錫箔紙包覆後重新放回平底鍋，利用餘熱燒烤。將牛肉連同錫箔紙一起取出。將 **A** 放入平底鍋中，以中火熬成濃醬汁。

② 將米飯、芥末醬放入碗中混合拌勻，將各一半分量分別盛在保鮮膜上，包覆成棒狀。

③ 打開保鮮膜，在周圍用 2 片海苔連接捲起。將①的牛肉切成 5mm 厚度，並排放在米飯上。淋上①的醬汁，再以細蔥點綴。

PART 2
料多味美

# 秋刀魚蓋飯風味

保存方法
冷藏 1日　冷凍 1週　加熱 OK

【材料】2 個飯糰分量

| | |
|---|---|
| 米飯 | 160g |
| 蒲燒秋刀魚罐頭 | 4 片 |
| 海苔 | ⅛ 片 ×4 片 |
| 山椒粉 | 適量 |

【製作方法】

① 將米飯 ¼ 分量以棒狀盛在鮮膜上。將海苔 1 片用手撕碎撒在飯上後，再將一片蒲燒秋刀魚放在上面。

② 在①的上面再盛上 ¼ 分量的米飯，與①一樣放上海苔與蒲燒秋刀魚，撒上山胡椒後包覆成棒狀。以同樣方式製作另外一個飯糰。

想要吃得飽飽的男孩

這個可以滿足！

## 32 麻婆風味

保存方法
冷藏 1日　冷凍 1週　加熱 OK

【材料】2 個飯糰分量

| | | | |
|---|---|---|---|
| 米飯 | 160g | 豆瓣醬 | ½ 小匙 |
| 豬絞肉 | 80g | 海苔 | ¼ 片 ×2 片 |
| 烤肉醬 | 2 大匙 | 山椒粉 | 少許 |

【製作方法】

1 在平底鍋中，將絞肉、烤肉醬及豆瓣醬混合炒香，邊搓鬆食材，邊炒至醬汁收乾。太油的話就用餐巾紙拭去。

2 在保鮮膜上，將海苔以菱形擺置，再將米飯的一半盛在上面後包覆成棒狀。

3 打開保鮮膜，在上面將 1 以縱向排成一排擺置，再撒上山椒粉後重新包裝。以同樣方式製作另外一個飯糰。

\ POINT! /

利用烤肉醬、豆瓣醬及山椒粉，重現麻婆風味。醬汁若過多，米飯容易崩散，因此，須確實收乾醬汁。

淋上唐揚（油炸）韓國風味的醬汁

令人驚豔的味道

## RECIPE ㉝ 唐揚（油炸）雞塊

保存方法
冷藏 1日　冷凍 1週　加熱 OK

【材料】2 個飯糰分量

| 米飯 ························ 160g | | 味噌、苦椒醬 ········· 各 1 小匙 |
| 雞腿肉 ···················· 60g | **B** | 珠蔥（蔥花）········· 1 大匙 |
| **A** 醬油、味醂 ········ 各 1 小匙 | 海苔 ···················· ¼ 片 ×2 片 |
| 蒜泥 ···················· 少許 | 炸油 ···················· 適量 |
| 太白粉 ···················· 適量 |

【製作方法】

❶ 雞肉切成稍小塊的一口可吃程度。與 A 混合後醃製 10 分鐘～一晚。塗上太白粉，用加熱成中溫的炸油炸成金黃色。

❷ 在碗中混合 B〈右照片 a〉，放入❶後淋繞。

❸ 在保鮮膜上擺置海苔後盛上米飯一半的分量。將❷的一半分量放在上面，包覆成棒狀。以同樣方式製作另外一個飯糰。

\ POINT! /

〈a〉

以味噌、苦椒醬、珠蔥混合製成的醬汁，可使搭配唐揚的米飯味道更令人下飯，是一種具有辣味的甜味噌味。

33

味噌之中摻有很多核桃

吃起來香氣四溢

34

將菠菜、煎蛋、烤鮭魚鋪在海苔上

只需這樣一個飯糰，便當就製作完成了

軟綿的蛋與鹹甜雞肉的絕配

好吃到欲罷不能！

35

36

## RECIPE 34　含有核桃味噌的五平餅（烤米餅）

保存方法　冷藏 1日　冷凍 1週　加熱 OK

【材料】2 個飯糰分量

| | |
|---|---|
| 米飯 | 160g |
| 鹽 | 少許 |
| 核桃味噌（參閱 POINT） | 下列 POINT 的一半分量 |
| 細木棒或筷子 | 2 根 |

\ POINT! /

 **核桃味噌的製作方法**（容易製作的分量）

核桃 30g 粗略切碎，並將味噌、酒各 2 大匙、蜂蜜 1 大匙混合放入鍋中，邊攪拌邊加熱至產生光澤。

【製作方法】

1. 將米飯加鹽，趁溫熱時用研磨杵粗略搗碎，分成兩等分後攤成扁平橢圓形，插入木棒。

2. 將平底鍋加熱，將①的雙面烤至酥脆。

3. 將②的一面塗上核桃味噌，用烤箱烤 2 ～ 3 分鐘呈微焦黃色。

---

## RECIPE 35　美味合一

保存方法　冷藏 1日　加熱 NG

【材料】2 個飯糰分量

| | | | |
|---|---|---|---|
| 米飯 | 320g | 菠菜 | 3 ～ 4 棵 |
| 煎蛋（參閱 POINT） | 1 顆 | 海苔 | ¼ 片 ×4 片 |
| | | 柴魚片 | 5g |
| 鹹鮭魚 | ½ 片 | 醬油 | 2 小匙 |

\ POINT! /

 **煎蛋的製作方法**

將 1 顆份的蛋液、醬油少許、砂糖 ½ 小匙、柴魚片 1 撮混合攪勻，在煎蛋器上抹一些油後煎蛋。

【製作方法】

1. 鹹鮭魚烤過後去皮與骨，將魚肉搓鬆。菠菜加鹽煮過後切成 2cm長。

2. 將保鮮膜展開為比 30cm稍大，在中央放上 1 片海苔，再將米飯 ¼ 分量盛在上面，擴展成長方形。撒上柴魚片的一半分量，並淋上醬油 ¼ 分量，再將米飯 ¼ 分量盛在上面。

3. 將海苔 1 片撕碎放在②上面，淋上醬油 ¼ 分量。煎蛋切成縱向對半後，將一半的煎蛋與①的鹹鮭魚及菠菜排成一排並列在上面，再以保鮮膜包覆成長方形。以同樣方式製作另外一個飯糰。

---

## RECIPE 36　親子丼

保存方法　冷藏 1日　冷凍 1週　加熱 OK

【材料】2 個飯糰分量

| | | |
|---|---|---|
| 米飯 | | 160g |
| A | 蛋液 | 1 顆份 |
| | 太白粉水、鹽 | 各少許 |
| 雞腿肉 | | 40g |
| 洋蔥 | | ⅛ 顆 |
| B | 醬油、味醂 | 各 2 小匙 |
| 海苔 | | ¼ 片 ×2 片 |
| 芥花籽油 | | 少許 |

【製作方法】

1. 將平底鍋加熱，抹上芥花籽油，將混合而成的 A 放入，炒成香軟的煎蛋後取出備用。

2. 雞肉切丁 1cm，並將洋蔥切成 1cm長的月牙形後再橫向切成對半。在①的平底鍋中，放入 B 與 4 大匙的水，放入洋蔥後加熱，沸騰時放入雞肉後，將汁液煮至收乾，約需 3 ～ 4 分鐘。

3. 將海苔在保鮮膜上擺成菱形，盛上米飯的一半分量。將①的一半分量鋪在上面，再將②的一半分量排成一並列在上面，再包覆成棒狀。以同樣方式製作另外一個飯糰。

PART 2 料多味美

在米飯中放入炒香的絞肉與馬鈴薯

RECIPE
(37) 可樂餅風味

保存方法
冷藏 1日　冷凍 1週　加熱 OK

【材料】2 個飯糰分量

| | | | |
|---|---|---|---|
| 米飯 | 80g | 鹽、胡椒、油 | 各少許 |
| 馬鈴薯 | 1 小顆 | 炸麵包塊（市售商品） | 12 個 |
| 豬絞肉 | 80g | 中濃醬汁 | 適量 |
| 洋蔥 | ⅛ 顆 | 芥花籽油 | 少許 |

【製作方法】

① 用保鮮膜將馬鈴薯連皮包覆著，用微波爐（600w）加熱 2 ～ 2 分 30 秒後，將皮剝掉放入碗中。加入米飯，邊將馬鈴薯弄碎邊拌勻。

② 將平底鍋加熱，抹上芥花籽油，再將切碎的洋蔥與絞肉放入炒香，用鹽與胡椒濃郁提味。加入①後混合拌勻。

③ 將②的一半分量盛在保鮮膜上，再將淋有中濃醬汁的烤碎麵包塊的一半分量各排成縱向一排並列在上面，再包覆成棒狀。

\ POINT! /

可樂餅的酥脆麵衣係利用市售的炸麵包塊 ( crouton) 製成。預先淋上醬汁，可形成獨特的風味。

## 塔可風味飯
### （Taco Rice）

保存方法
冷藏 1日　冷凍 1週　加熱 OK

【材料】3 飯糰分量

| | | | |
|---|---|---|---|
| 米飯 | 160g | 鹽 | ⅓ 小匙 |
| 豬絞肉 | 80g | 胡椒 | 少許 |
| 洋蔥 | ⅛ 顆 | 乳酪絲 | 適量 |
| 披薩醬（市售商品） | 3 大匙 | 萵苣 | 3 小片 |
| | | 依喜好沾塔巴斯哥酸辣醬 | |
| | | （Tabasco sauce） | 少許 |

【製作方法】

1 以中火將平底鍋加熱，將切碎的洋蔥與絞肉放入炒香。產生出的油脂可用餐巾紙拭去，加入披薩醬、鹽及胡椒。將汁液炒至收乾。

2 將米飯與❶各 ⅓ 分量盛在保鮮膜上，包覆成棒狀。以同樣方式製作另外兩個飯糰。

3 食用時，將取下保鮮膜的❷盛在萵苣上，並將乳酪撕碎放在上面，依喜好沾塔巴斯哥酸辣醬（Tabasco sauce）。

\ POINT! /

攜帶便當外出食用時，可將飯糰、萵苣與乳酪絲分裝在不同餐盒中。用萵苣邊捲邊吃。

PART 2 料多味美

是一種嶄新風格的棒狀飯糰

用吃起來「嚓、嚓」的萵苣包覆食用

# PART ❸
# 用各種食材包捲棒狀飯糰

用葉片、醃製品、肉片、火腿、生魚片等包捲米飯，做成非常華麗的棒狀飯糰。熟練後，建議製作有自己風格的獨創性飯糰！

**用葉片包捲**

用壺醃白蘿蔔片與青紫蘇製作
味道清爽
39

牛肉罐頭與味噌的鹹味適中
寵壞味覺
40

與米飯很適配的
野澤菜與明太子
41

# 39 壺漬搭配青紫蘇

米飯冷卻後再
用青紫蘇包捲
是祕訣所在

保存方法
冷藏
1日
加熱
NG

【材料】2 個飯糰分量

米飯 ……………………………… 160g
壺漬（壺醃白蘿蔔片）（粗略切碎）
……………………………… 2 大匙
黑芝麻 ……………………………… ½ 小匙
青紫蘇 ……………………………… 4 片

【製作方法】

① 將米飯與壺漬、黑芝麻放入碗中混合拌勻。

② 將①的一半分量分別盛在保鮮膜上，包覆成棒狀。

③ 將②放涼後，將保鮮膜除去，用青紫蘇 2 片包捲。

---

# 40 味噌高麗菜

在高麗菜表面
塗上味噌，具
有獨特的風味

保存方法
冷藏
1日
加熱
NG

【材料】2 個飯糰分量

米飯 ……………………………… 160g
高麗菜 ……………………………… 2 大片
牛肉罐頭 ……………………………… 15g
味噌、味醂 ……………………………… 各 ½ 大匙
胡椒 ……………………………… 少許

【製作方法】

① 將高麗菜芯堅硬的部分切掉，再用鹽水煮至柔軟。將味噌與味醂放入鍋中加熱，攪拌 1～2 分鐘。

② 米飯、罐頭牛肉及胡椒放入碗中混合拌勻後，將各一半分量分別盛在保鮮膜上，包覆成棒狀。

③ 在砧板上，將①的高麗菜 1 片展開來，將②放在靠近中央之處，再將①的味噌一半分量塗抹在高麗菜上。請參閱下列的 POINT 包捲方式。

PART 3 用各種食材包捲

---

# 41 含有明太子的醃芥菜

含有薄薄一層
明太子的紅色
相當漂亮

保存方法
冷藏
1日
加熱
NG

【材料】2 個飯糰分量

米飯 ……………………………… 160g
醃製的野澤菜(日本芥菜)(僅菜葉部分)
……………………………… 2 大片
明太子 ……………………………… 2 小匙

【製作方法】

① 將米飯各一半分量分別盛在保鮮膜上，包覆成棒狀。在上面各塗上一層明太子。

② 將野澤菜 1 片展開來，並將有明太子的一面朝下，放置在靠近中央之處。請參閱下列的 POINT 包捲方式。

\ POINT! /

☑ 葉片的包捲方式

在砧板上，將葉片展開來，在靠近中央之處盛上米飯，再將最靠近面前這邊的葉片覆蓋在米飯上。

接著將右邊與左邊的葉片覆蓋在米飯上，從自己這邊與米飯一起捲起包覆。

# ［用肉片包捲］

濃郁的調料香味

冷卻後也很好吃

用剩餘的肉類也 OK

使用豬腿肉與里肌肉的切薄片等

42

43

---

## RECIPE 42　燒烤牛肉

【材料】2 個飯糰分量

米飯 ················· 160g

A
｜ 青蔥（切碎）
｜ ················· 4cm
｜ 檸檬汁 ········ 1 小匙
｜ 鹽、胡椒 ···· 各少許

切薄片的牛肉 ····· 120g
烤肉醬 ············· 2 大匙
芥花籽油 ············· 少許

保存方法
冷藏 1 日
冷凍 1 週
加熱 OK

【製作方法】

1 將米飯與 A 放入碗中混合拌勻。

2 將❶的一半分量盛在包鮮膜上，包覆成棒狀。參照右下的 POINT，攤開牛肉的一半分量，將棒狀的米飯放在上面後包覆。以同樣方式製作另一個飯糰。

3 以中火將平底鍋加熱，倒入芥花籽油，將❷包捲完成面朝下放置。牛肉互相黏合在一起時翻面燒烤，加入烤肉醬，邊淋繞邊烤至汁液收乾。

---

## RECIPE 43　豬肉生薑燒

【材料】2 個飯糰分量

米飯 ············· 160g　　麵粉 ············· 少許

A
｜ 高麗菜（粗略切碎）
｜ ····· 30g（½中片）
｜ 鹽、胡椒 ··· 各少許

B
｜ 醬油、味醂
｜ ········ 各 1 大匙
｜ 薑泥 ······ ½ 小匙

火鍋用豬肉片 ····· 120g　　芥花籽油 ······ 少許

保存方法
冷藏 1 日
冷凍 1 週
加熱 OK

【製作方法】

1 將米飯與 A 放入碗中混合拌勻。

2 將❶的一半分量盛在保鮮膜上，包覆成棒狀。參照下方的 POINT，攤開豬肉的一半分量，將棒狀的米飯放在上面後包覆。以同樣方式製作另一個飯糰。

3 在❷的表面撒上一層薄薄的麵粉。將平底鍋以中火加熱，倒入芥花籽油，將❷包捲完成面朝下放置。豬肉黏附在一起時翻面燒烤，加入B，邊淋繞邊烤至汁液收乾。

--- \ POINT! / ---

☑ **肉片的包捲方式**

將肉片的一邊稍微重疊，形成長約 20 ㎝ 的橢圓形，再斜斜地擴展開。

在靠近中央處盛上米飯，再由最靠近面前這邊的肉片、右邊、左邊，依序用肉片包捲，從近前起與米飯一起包捲。

## RECIPE 44 生火腿卷

【材料】2 個飯糰分量

| 米飯 | 160g |
| --- | --- |
| A 青橄欖（粗略切碎） | 2 大匙 |
| 鹽、胡椒 | 各少許 |
| 生火腿 | 8 片 |
| 青橄欖（切圓片） | 6 片 |

保存方法
冷藏 1日
加熱 NG

【製作方法】

① 將米飯與 A 放入碗中混合拌勻。

② 將①的一半分量盛在保鮮膜上，包覆成棒狀。

③ 打開保鮮膜，在米飯上稍重疊放置生火腿 4 片，用青橄欖切圓片 3 片點綴。用保鮮膜重新包覆，使生火腿均勻包覆。以同樣方式製作另一個飯糰。

## RECIPE 45 蘆筍培根

【材料】2 個飯糰分量

| 米飯 | 160g |
| --- | --- |
| A 法式清湯塊 | ½ 小匙 |
| 黑胡椒 | ½ 小匙 |
| 鹽 | 少許 |
| 培根 | 2 片 |
| 蘆筍 | 1 根 |
| 麵粉 | 少許 |

保存方法
冷藏 1日
冷凍 1週
加熱 OK

【製作方法】

① 將蘆筍切成兩半，用鹽水煮熟。將米飯與 A 放入碗中混合拌勻。將一半分量鋪在保鮮膜上，並以 ½ 根的蘆筍當芯，包覆成棒狀。

② 在砧板上放置培根 1 片，撒上麵粉。將① 1 放在上面後捲成帶狀。以同樣方式製作另一個飯糰。

③ 將平底鍋以中火加熱，將包捲的完成面朝下燒烤，將全體烤至微焦。

PART 3 用各種食材包捲

漂亮大方的外觀，適合當作派對點心

具有高級感，

除了蘆筍外

也可用四季豆或甜椒包捲。

# ［ 用魚肉片包捲 ］

使用梅肉現作的醋飯

用鯛魚包捲成為上品的味道

做成醃漬鮪魚

紅肉更加美味可口！

46

47

48

鮭魚搭配櫛瓜

搖身一變為義式風味

RECIPE 46 **鯛魚的梅子風味**

【材料】2 個飯糰分量

米飯 ……………………………… 160g
鯛魚生魚片（切成 3mm寬的薄片）
……………………………………… 8 片
酒、鹽 ……………………………… 各少許
梅肉 ……………………………… 2 小匙
點綴用梅肉 ………………………… 少許

【製作方法】

① 鯛魚塗上鹽、酒後靜置 10 分鐘。

② 米飯、梅肉、鹽放入碗中混合拌勻後，將一半分量盛在保鮮膜上，包覆成棒狀。

③ 米飯冷卻後打開保鮮膜，將瀝乾後的鯛魚一半分量放在上面，參照下述的 POINT 包覆。以同樣方式製作另一個飯糰。食用時放上點綴用的梅肉。

 RECIPE 47 **煙燻鮭魚搭配櫛瓜**

【材料】2 個飯糰分量

米飯 ……………………………… 160g
煙燻鮭魚 …………………………… 6 片
櫛瓜（切成 2mm寬的薄片）……… 8 片
A｜泡菜（切碎）………………… 2 大匙
　｜檸檬汁 ……………………… ½ 小匙
　｜鹽、胡椒 …………………… 各少許

【製作方法】

① 輕撒些鹽巴（分量外）在櫛瓜上，靜置約 5 分鐘後用餐巾紙將水分拭乾。

② 將米飯與 A 放入碗中混合拌勻後，再將一半分量盛在保鮮膜上，包覆成棒狀。

③ 米飯冷卻後打開保鮮膜，將煙燻鮭魚與櫛瓜的一半分量交互擺置，並參照下述的 POINT 包覆。以同樣方式製作另一個飯糰。

 RECIPE 48 **醃漬鮪魚搭配酪梨**

【材料】2 個飯糰分量

米飯 ……………………………… 160g
鮪魚生魚片（切成 3mm寬的薄片）
……………………………………… 8 片
A｜醬油 ………………………… 1 小匙
　｜芝麻油 ……………………… 少許
酪梨（切成 2mm寬的薄片）……… 6 片
細蔥（切碎）……………………… 2 大匙
鹽、胡椒 ………………………… 各少許

【製作方法】

① 將鮪魚淋上 A 後靜置 10 分鐘～一個晚上。

② 將米飯、細蔥、鹽、胡椒放入碗中混合拌勻後，將一半分量盛在保鮮膜上，包覆成棒狀。

③ 米飯冷卻後打開保鮮膜，將瀝乾汁液的鮪魚與酪梨的一半分量交互擺置，並參照下述的 POINT 包覆。以同樣方式製作另一個飯糰。

───── \ POINT! / ─────

☑ **魚肉片的包捲方式**

 將米飯包覆成棒狀後打開保鮮膜，在米飯上將搭配的魚肉片稍微重疊，並斜斜擺置。

 用保鮮膜重新包覆，使搭配的魚肉片與米飯均勻融合的同時也可防止乾燥。

# ［用春捲皮包捲］

以蟹肉罐頭用的蟹肉風味魚糕作為代用品

味道也令人讚不絕口！

49

生春捲皮的原料是米做的

因此，與棒狀飯糰的相容性是絕配！

50

## RECIPE 49 含有蟹肉的炸春捲

保存方法
冷藏 1日
加熱 NG

【材料】4 本分

| | |
|---|---|
| 米飯 | 160g |
| 調味榨菜、罐頭蟹肉 | 各 40g |
| 鹽、胡椒 | 各少許 |
| 春捲皮 | 4 片 |
| 炸油 | 適量 |

【製作方法】

① 將榨菜切絲,罐頭蟹肉搓鬆。

② 將米飯、①、鹽、胡椒放入碗中混合拌勻。將各 ¼ 分量盛在保鮮膜上,包覆成棒狀。

③ 將②放在春捲皮上,參照下列的 POINT 包捲。在平底鍋上將炸油約 1cm 加熱,再將包捲的完成面朝下油炸成金黃色。

- - - - - - - - - - - - - - - - - - - - - - - - - - - - - - - - -

## RECIPE 50 涮豬肉片的生春捲

保存方法
冷藏 1日
加熱 NG

【材料】3 本分

| | |
|---|---|
| 米飯 | 160g |
| 豬肉(涮涮鍋用) | 40g |
| A 甜辣醬 | 3 大匙 |
| A 鹽 | 少許 |
| 紅葉生菜 | 1 大片 |
| 香菜、羅勒、薄荷 | 各適量 |
| 生春捲皮 | 3 張 |
| 依喜好沾甜辣醬 | 適量 |

【製作方法】

① 在鍋中將水煮沸,將豬肉涮過後用漏勺撈起。

② 將米飯、A 放入碗中混合拌勻。將各 ⅓ 分量盛在保鮮膜上,包覆成棒狀。

③ 將生春捲皮如圖所示恢復原狀,再將 3 等分的紅葉生菜、豬肉、米飯、香菜、羅勒、薄荷放上去後,參照右列的 POINT 包覆。以同樣方式製作另兩個飯糰。依喜好沾上甜辣醬食用。

\ POINT! /

### ☑ 春捲皮的包捲方式

將做成棒狀的米飯放在春捲皮的靠中央處。

從靠近面前這邊、右、左,依序將春捲皮包在米飯的上面,由面前這邊起將米飯與春捲皮一起捲起包覆。

# ［ 用起司包捲 ］

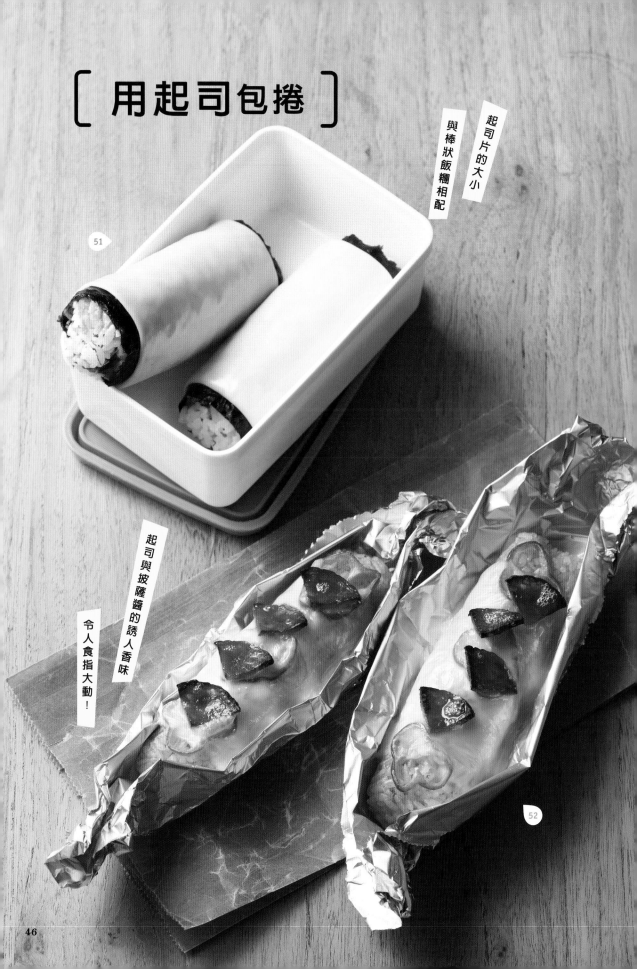

起司片的大小
與棒狀飯糰相配

51

起司與披薩醬的誘人香味

令人食指大動！

52

## RECIPE 51 芥菜起司

【材料】2 個飯糰分量

米飯 ······························ 160g
醃製芥菜（粗略切碎）········· 1 大匙
起司片 ························· 2 片
海苔 ······················ ¼ 片 ×2 片

\ POINT! /

☑ **起司的包捲方式**

在砧板上，將海苔疊在起司上，再將棒狀飯糰放在最靠近面前這邊。

用手指將起司與海苔提起，包捲米飯的四周。

【製作方法】

1. 將米飯、芥菜放入碗中混合拌勻。將各一半分量分別盛在保鮮膜上，包覆成棒狀。

2. 在砧板上，將海苔疊在起司上，再放上❶後參照右列的 POINT 包覆。以同樣方式製作另一個飯糰。

PART 3 用各種食材包捲

## RECIPE 52 烤成微焦黃色的 義式薩拉米香腸披薩

【材料】2 個飯糰分量

米飯 ······························ 160g
A｜披薩醬（市售商品）····· 1 大匙
　｜鹽、胡椒 ············· 各少許
甜椒（切圓片）················· 6 片
義式薩拉米香腸（將 1 片切成 4 等分）
··························· 2 片
起司片 ······················· 1 片

【製作方法】

1. 將 A 放入米飯中混合拌勻，再將各一半分量分別盛在保鮮膜上，包覆成棒狀。

2. 將❶放入鋁箔紙中，放上切半的起司，再放入甜椒與義式薩拉米香腸各一半的分量。以同樣方式製作另一個飯糰。在烤箱烤至呈微焦黃色，約需 3 ～ 4 分鐘。

# 其他各式各樣的飯糰

## RECIPE 53 火腿 & 羅勒

 形成螺旋形狀的斷面也很漂亮！

保存方法
冷藏 1日　加熱 NG

【材料】2 個飯糰分量

| | |
|---|---|
| 米飯 | 160g |
| 啤酒火腿 | 6 片 |
| 羅勒 | 2 枝 |
| 點綴用羅勒 | 2 枝 |

【製作方法】

① 將保鮮膜鋪成垂直向，3 片火腿並列，火腿間的邊緣約 2cm 重疊。在最靠近面前這邊，將米飯一半分量放在火腿上攤平鋪滿，再將羅勒 1 枝撕碎，放在上面。

② 從最靠近面前這邊，將米飯與火腿一圈圈捲起，需避免將保鮮膜捲入。捲完後再用保鮮膜包覆整形（請參照右列 POINT）。以同樣方式製作另一個飯糰。

— \ POINT! / —

☑ 啤酒火腿的包捲方式

在砧板上，將保鮮膜鋪成垂直方向，3 片火腿並列，火腿之間的邊緣約有 2cm 重疊。在最靠近面前這邊，將米飯的一半分量攤平鋪滿，再放上羅勒菜片。

從最靠近面前這邊，將米飯連同保鮮膜往上提起，再將米飯與火腿一圈一圈捲起，避免將保鮮膜捲入。捲完後再用保鮮膜包覆整形。

## RECIPE 54 千枚漬 ※

 因千枚漬含有黏液，請用保鮮膜包著食用
※ 千枚漬：一種用昆布醃製的無菁醬菜

保存方法
冷藏 1日　加熱 NG

【材料】2 個飯糰分量

| | |
|---|---|
| 米飯 | 160g |
| 山茼蒿 | 2 株 |
| 千枚漬 | 2 片 |
| 鹽 | 少許 |

【製作方法】

① 山茼蒿用鹽水煮過後切碎。

② 將①（挑出少許點綴用的部分）、鹽放入米飯內混合拌勻，將各一半分量分別盛在保鮮膜上，包覆成棒狀。

③ 打開保鮮膜，將千枚漬各 1 片覆蓋在上面後包捲。中間用山茼蒿點綴。

## RECIPE 55 現做鯖魚箱押壽司風味

 放在上面的醋漬鯖魚與嫩薑甘醋漬呈現壓壽司風味！

保存方法
冷藏 1日　加熱 NG

【材料】2 個飯糰分量

| | |
|---|---|
| 米飯 | 160g |
| 醋漬鯖魚 | 40g |
| 嫩薑甘醋漬（切絲） | 30g |
| 朧昆布（削成薄片的海帶片） | |
| | 15cm方塊大小 ×2 片 |

【製作方法】

① 醋漬鯖魚切成 3mm 厚度的切片。嫩薑甘醋漬切絲。

② 將米飯、嫩薑甘醋漬放入碗中混合拌勻，將各一半分量分別盛在保鮮膜上，包覆成棒狀。

③ 打開保鮮膜，將醋漬鯖魚各一半分量稍微重疊分別並列放在米飯上，再用朧昆布將整個包覆。用保鮮膜重新包覆，放置 30 分鐘使飯糰入味。

擺上切碎的山茼蒿
增添爽口風味

不需要祕訣、技術
就可完成好吃的鯖魚箱押壽司風味

羅勒的香味
令人垂涎三尺！

54

55

53

# PART ④

# 樣式繁多的棒狀飯糰

製作出基本燴飯的基礎樣式後，改變一下食材，就能嚐到 3 種不同的口味。基礎樣式製作愈多，只需變化食材就可享受各種美食，建議可用來宴客或做成行樂便當（在一個可攜帶的容器內裝入豐盛菜肴）。

## 基本的鮭魚飯

【材料】2 個飯糰分量

米飯 ………………… 160g
鮭魚鬆※ ………… 4 大匙

【製作方法】

將米飯、鮭魚鬆放入碗中混合拌勻。

> 基本樣式的鮭魚飯
> 無論搭配哪種食材
> 都很適配

### ※ 鮭魚鬆的製作方式

在鍋中放入剛好蓋過鮭魚的水，煮沸後加入少許的酒。將鹹鮭魚（中等鹹度）1 片放入鍋中，以小火煮 6 ～ 8 分鐘。取出後用餐巾紙將水拭乾，將皮與骨去除後搓鬆。

---

## RECIPE 56  海帶芽與芝麻

保存方法 冷藏 1日 / 冷凍 1週 / 加熱 OK

【材料】2 個飯糰分量

基本的鮭魚飯 …………… 2 份
乾海帶芽 ……………… 1 大匙
白芝麻 ………………… 1 小匙

【製作方法】

1. 將基本的鮭魚飯放入碗中，加入用手弄碎的乾海帶芽與芝麻後混合拌勻。

2. 將各一半分量分別盛在保鮮膜上，包覆成棒狀。

> 爽口的
> 和風搭配

---

香烤鬆軟蛋飯

## RECIPE 57  燒烤風味

保存方法 冷藏 1日 / 冷凍 1週 / 加熱 OK

【材料】2 個飯糰分量

基本的鮭魚飯 …………… 2 份
山芹菜 ……………… 2 ～ 3 根
蛋液 …………………… 1 顆份
鹽、胡椒 …………… 各少許
芥花籽油 ……………… 適量

【製作方法】

1. 將山芹菜切段。

2. 將基本的鮭魚飯放入碗中，並將芥花籽油以外的食材也加入混合拌勻。

3. 在平底鍋中將芥花籽油加熱，再將❷的各 ½ 分量做成棒狀放入鍋中，烤完一面後翻面，反覆燒烤，邊按壓邊將兩面烤至微焦黃色。

---

## RECIPE 58  玉米美乃滋

保存方法 冷藏 1日 / 冷凍 1週 / 加熱 OK

【材料】2 個飯糰分量

基本的鮭魚飯 …………… 2 份
玉米粒罐頭 …………… 1 大匙
青紫蘇 ………………… 2 片
美乃滋 ………………… 2 大匙
醬油 …………………… 少許

【製作方法】

1. 將青紫蘇粗略切碎。

2. 將基本的鮭魚飯放入碗中，再將其餘的食材也加入混合拌勻。

3. 將各一半分量分別盛在保鮮膜上，包覆成棒狀。

> 老少咸宜的
> 玉米美乃滋！

# 基本的咖哩飯

【材料】2 個飯糰分量

米飯 ························· 160g
咖哩粉 ······················· ½ 小匙
法式清湯塊、鹽、胡椒
························· 各少許

【製作方法】

將米飯、調味料放入碗中混合拌勻。

備受歡迎的
咖哩味飯
製作簡單

---

RECIPE **59** + 香腸

保存方法 冷藏 1日 / 冷凍 1週 / 加熱 OK

【材料】2 個飯糰分量

基本的咖哩飯 ·············· 2 份
香腸 ························ 2 條
海苔 ····· 7cm×10cm×2 片

【製作方法】

1. 將香腸對半縱切，並將表面斜切淺痕後，放入平底鍋中烤至微焦黃色。

2. 將基本的咖哩飯一半分量盛在保鮮膜上，包覆成棒狀。

3. 打開保鮮膜，將縱切成兩半的香腸放入，用海苔包捲中間部分。以同樣方式製作另一個飯糰。

絕對深受小孩歡迎，
可打包票！

PART 4 / 樣式繁多

---

小型的荷包蛋
煞是可愛

RECIPE **60** + 烤起司

保存方法 冷藏 1日 / 冷凍 1週 / 加熱 OK

※ 僅可保存棒狀飯糰，荷包蛋等要吃之前才煎。

【材料】2 個飯糰分量

基本的咖哩飯 ·············· 2 份
披薩用起司片 ·············· 1 片
鵪鶉蛋 ······················ 2 顆
芥花籽油 ····················· 少許

【製作方法】

1. 在塗上芥花籽油的平底鍋中，將鵪鶉蛋煎成荷包蛋。

2. 將基本的咖哩飯各一半分量分別盛在保鮮膜上，包覆成棒狀。

3. 將分成一半的起司各自分別放在 2 的上面，用烤箱烤約 5 分鐘，再將荷包蛋放在上面。

---

RECIPE **61** + 麵飯

保存方法 冷藏 1日 / 冷凍 1週 / 加熱 OK

【材料】2 個飯糰分量

基本的咖哩飯 ·············· 2 份
中華麵（蒸熟） ·············· ¼ 袋
豬絞肉 ······················ 40g
醬汁 ························ 1 大匙
柴魚片 ······················ 2 撮
醬油、青海苔、紅薑
························· 各少許
芥花籽油 ····················· 少許

【製作方法】

1. 將中華麵粗略切碎。

2. 將平底鍋中的芥花籽油加熱，並將❶與豬肉炒香。加入醬汁、柴魚片、醬油後再炒，之後加入基本的咖哩飯後混合拌勻。

3. 將❷的一半分量盛在保鮮膜上，包覆成棒狀。打開保鮮膜，放上紅薑，撒上青海苔。以同樣方式製作另一個飯糰。

嚼勁十足、
料多味美的棒狀飯糰

# 基本的醋飯

【材料】2 個飯糰分量

| | |
|---|---|
| 米飯 | 160g |
| 壽司醋 ※ | 1 大匙 |
| 白芝麻 | 1 小匙 |

【製作方法】

將米飯放入碗中，均勻加入壽司醋及芝麻後輕快地混合拌勻。

※ **壽司醋的製作方法**

將醋 2 大匙、砂糖 1 大匙、鹽 ½ 小匙放入深碗中混合拌勻，用微波爐（600W）加熱 30 ～ 40 秒。

米飯
以剛煮好的備用

---

作為女兒節的
應景食物也很適合

RECIPE
62 ➕ 蝦子與炒蛋

保存方法
冷藏 1日 ｜ 冷凍 1週 ｜ 加熱 OK

【材料】2 個飯糰分量

| | |
|---|---|
| 基本的醋飯 | 2 份 |
| 蛋 | 1 個 |
| 鹽 | 1 撮 |
| 蜂蜜 | 1 小匙 |
| 煮熟的蝦子 | 4 隻 |
| 山芹菜 | 適量 |

【製作方法】

1 將蛋打在碗中，加入鹽、蜂蜜後混合拌勻。放入平底鍋中以小火炒成細碎的炒蛋。

2 將基本的醋飯一半分量盛在保鮮膜上，包覆成棒狀。打開保鮮膜，將①、蝦子、山芹菜的一半分量放在上面，重新包覆後整理形狀。以同樣方式製作另 1 個飯糰。

---

RECIPE
63 ➕ 秋葵與小魚乾

保存方法
冷藏 1日 ｜ 加熱 NG

【材料】2 個飯糰分量

| | |
|---|---|
| 基本的醋飯 | 2 份 |
| 秋葵 | 2 本 |
| 白色小魚乾 | 2 ～ 3 大匙 |
| 蘘荷 | 1 條 |

【製作方法】

1 秋葵用鹽水煮熟後對半縱切。小魚乾粗略切碎。蘘荷切細。

2 將基本的醋飯盛入碗內，再將小魚乾、蘘荷放入混合拌勻。將一半分量盛在保鮮膜上，包覆成棒狀。

3 打開保鮮膜，將秋葵的一半分量放在上面後重新包覆。以同樣方式製作另一個飯糰。

柔軟的搭配
吃了還想再吃

---

中間也有夾食材的
豪華版！

RECIPE
64 ➕ 鮭魚與蓮藕

保存方法
冷藏 1日 ｜ 加熱 NG

【材料】2 個飯糰分量

| | |
|---|---|
| 基本的醋飯 | 2 份 |
| 煙燻鮭魚 | 4 片 |
| 蓮藕 | |
| （切成 2mm厚的半月塊，汆燙一下） | 8 片 |
| 青紫蘇（對半縱切） | 4 片 |

【製作方法】

1 將放涼後的基本醋飯 ¼ 分量盛在保鮮膜上，攤平成長方形，放上蓮藕 2 塊、青紫蘇 1 片、煙燻鮭魚 1 片。

2 在①上面放入基本醋飯 ¼ 分量、蓮藕 2 塊、青紫蘇 1 片、煙燻鮭魚 1 片，再包覆成棒狀。以同樣方式製作另一個飯糰。

# 基本的雞肉鬆飯

【材料】2 個飯糰分量

米飯 ························ 160g
雞肉鬆 ※ ···················· 4 大匙

【製作方法】

將米飯與雞肉鬆放入碗中混合拌勻。

※ 雞肉鬆的製作方法

將雞絞肉 100g、醬油、酒、砂糖各 1 小匙放入碗中充分混合拌勻後加熱。用鍋鏟邊鬆開雞肉，邊炒至水分收乾。

雞肉鬆
亦可
加入煎蛋中

---

可愛的外觀 &
親切的味道

PART 4 ~ 樣式繁多

RECIPE **65** ➕ 紅蘿蔔與炒蛋

保存方法　冷藏 1日　冷凍 1週　加熱 OK

【材料】2 個飯糰分量

基本的雞肉鬆飯 ··········· 2 份
雞肉鬆 ※ ·················· 2 大匙
蛋 ······················ 1 顆
鹽 ······················ 1 撮
蜂蜜 ···················· 1 小匙
紅蘿蔔（切花型）··········· 6 片

【製作方法】

① 將蛋打入碗中，加入鹽、蜂蜜後混合拌勻。放入平底鍋中後以小火炒蛋，製作出滑嫩的炒蛋。

② 將基本的雞肉鬆飯一半分量盛在保鮮膜上，包覆成棒狀。

③ 打開保鮮膜，將雞肉鬆、①、紅蘿蔔的一半分量放在上面後重新包覆。以同樣方式製作另一個飯糰。

---

RECIPE **66** ➕ 豆瓣醬與細蔥

保存方法　冷藏 1日　冷凍 1週　加熱 OK

【材料】2 個飯糰分量

基本的雞肉鬆飯 ··········· 2 份
豆瓣醬 ···················· ½ 小匙
細蔥（切蔥花）··········· ½ 根

【製作方法】

① 將基本的雞肉鬆飯、豆瓣醬放入碗內混合拌勻，再將各一半分量分別盛在保鮮膜上，包覆成棒狀。

② 打開保鮮膜，將細蔥的各一半分量分別放在上面後重新包覆。

超辣的味道
很受歡迎

---

製作成
韓式海苔飯卷風味

RECIPE **67** ➕ 紅蘿蔔與海苔

保存方法　冷藏 1日　加熱 NG

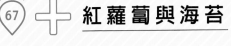
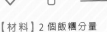

【材料】2 個飯糰分量

基本的雞肉鬆飯 ··········· 2 份
紅蘿蔔 ···················· ⅓ 條
海苔 ···················· ½ 片×2 片
芝麻油、鹽 ··············· 各少許

【製作方法】

① 將紅蘿蔔切絲，用保鮮膜包著，以微波爐（600w）加熱 30 秒。

② 將海苔以縱向放置在保鮮膜上，撒上芝麻油與鹽。

③ 在②的最靠近面前這邊 ⅔ 處，將基本的雞肉鬆飯一半分量鋪在上面，在中間成一列橫向上，將①的一半分量放在上面，以捲海苔要領包捲。再以保鮮膜包覆後整理好形狀。以同樣方式製作另一個飯糰。

# 基本的鮪魚味噌飯

**【材料】** 2 個飯糰分量

| | |
|---|---|
| 米飯 | 160g |
| 鮪魚味噌※ | 2 大匙 |

**【製作方法】**

將米飯、鮪魚味噌放入碗內混合拌勻。

### ※ 鮪魚味噌的製作方法

將瀝乾油脂的罐頭鮪魚 70g 放入鍋中，加入味噌、蜂蜜各 1 大匙開火加熱。用鍋鏟邊攪拌，邊將水分收乾，炒至產生光澤。

**用罐頭鮪魚搭配味噌呈現和風樣貌**

---

**用平底鍋製作烤飯糰**

## RECIPE 68 ＋ 蔥燒

**保存方法** 冷藏 1日 / 冷凍 1週 / 加熱 OK

**【材料】** 2 個飯糰分量

| | |
|---|---|
| 基本的鮪魚味噌飯 | 2 份 |
| 青蔥 | 5cm |
| 芥花籽油 | 少許 |

**【製作方法】**

❶ 將青蔥粗略切碎。

❷ 將基本的鮪魚味噌飯、❶放入碗中混合拌勻，再將各一半分量分別放在保鮮膜上，包覆成棒狀。

❸ 將芥花籽油在平底鍋中加熱，放入❷，將兩面烤成微焦黃色。

## RECIPE 69 ＋ 四季豆

**保存方法** 冷藏 1日 / 冷凍 1週 / 加熱 OK

**【材料】** 2 個飯糰分量

| | |
|---|---|
| 基本的鮪魚味噌飯 | 2 份 |
| 四季豆 | 2 條 |
| 海苔 | ¼ 片 ×2 片 |

**【製作方法】**

❶ 四季豆用鹽水煮過後對半切成 2 段。

❷ 海苔以菱形放在保鮮膜上，將基本的鮪魚味噌飯一半分量、四季豆一半分量放在上面包覆成棒狀。以同樣方式製作另一個飯糰。

**咔嚓咔嚓享受四季豆的口感！**

**用青紫蘇代替羅勒也 OK**

## RECIPE 70 ＋ 甜椒與羅勒

**保存方法** 冷藏 1日 / 冷凍 1週 / 加熱 OK

**【材料】** 2 個飯糰分量

| | |
|---|---|
| 基本的鮪魚味噌飯 | 2 份 |
| 甜椒（紅色）切碎 | 2 大匙 |
| 羅勒 | 6 小片 |

**【製作方法】**

❶ 將基本的鮪魚味噌飯、甜椒放入碗內混合拌勻，再將各一半分量分別盛在保鮮膜上，包覆成棒狀。

❷ 打開保鮮膜，將羅勒各分別放上 3 片後重新包覆。

# 基本的沙拉醬飯

**【材料】** 2 個飯糰分量

| | |
|---|---|
| 米飯 | 160g |
| 芹菜（切碎） | 3 大匙 |
| A 醋、橄欖油 | 各 ½ 大匙 |
| 鹽、胡椒 | 各少許 |

**【製作方法】**

將 A 放入碗中混合拌勻，再加入米飯、芹菜拌勻。

亦可使用
市售的
義式沙拉醬

---

用海苔將小黃瓜與
火腿包夾在中間
是一種和式與西式的折衷版

RECIPE **71** ✚ **小黃瓜與火腿**

保存方法 冷藏 1日　加熱 NG

**【材料】** 2 個飯糰分量

| | |
|---|---|
| 基本的沙拉醬飯 | 2 份 |
| 小黃瓜 | 4cm |
| 鹽 | 少許 |
| 火腿 | ½ 片 |
| 海苔 | ¼ 片 ×2 片 |

**【製作方法】**

① 將小黃瓜切薄片，抹鹽靜置 5 分鐘後，用餐巾紙將水分拭乾。火腿切丁成 1cm 大小。

② 將基本的沙拉醬飯、①放入碗中混合。

③ 將海苔放在保鮮膜上，並將②各一半分量分別放在上面，用海苔夾著包覆。

RECIPE **72** ✚ **綜合豆類**

保存方法 冷藏 1日　加熱 NG

**【材料】** 2 個飯糰分量

| | |
|---|---|
| 基本的沙拉醬飯 | 2 份 |
| 綜合豆類 | 30g |
| 芹菜葉 | 少許 |

**【製作方法】**

① 將芹菜葉切碎。

② 將基本的沙拉醬飯、①、綜合豆放入碗中混合拌勻。

③ 將②的各一半分量分別放在保鮮膜上，包覆成棒狀。

豆沙拉與米飯
意外相配！

---

與白葡萄酒對味的
時尚飯糰

RECIPE **73** ✚ **章魚與蒔蘿**

保存方法 冷藏 1日　加熱 NG

**【材料】** 2 個飯糰分量

| | |
|---|---|
| 基本的沙拉醬飯 | 2 份 |
| 煮熟章魚 | 40g |
| 蒔蘿 | 少許 |

**【製作方法】**

① 將煮熟的章魚切成 8 薄片，蒔蘿留少許點綴用，其餘切碎。

② 將基本的沙拉醬飯、蒔蘿放入碗中混合拌勻。

③ 將②的一半分量放在保鮮膜上，並將煮熟的章魚一半分量（4 片）及點綴用蒔蘿放在上面，包覆成棒狀。以同樣方式製作另一個飯糰。

# 特別日子的
# 裝飾用
# 棒狀飯糰

可愛的棒狀飯糰大集合！製作成幼兒園孩童
的點心，或者是希望有些意外驚喜的時候，
建議製作這種飯糰。講究外觀的飯糰，請細
心裝飾。

RECIPE 74

## 熊貓
## 棒狀飯糰

保存方法
冷藏 1日 / 冷凍 1週 / 加熱 OK

【材料】3 個小飯糰分量

| | |
|---|---|
| 米飯 | 160g |
| 鹽 | 少許 |
| 海苔 | 適量 |

【製作方法】

① 將米飯分為 60g 兩個、40g 一個，盛在保鮮膜上，撒上鹽後包覆成棒狀。

② 用熊貓的印模多切割一些海苔。

③ 將①的保鮮膜打開，參考照片，貼上②。剩餘的海苔可剪成手、腳、腹部，用切成 7mm 寬的海苔包捲，塑造成貓熊模樣。用保鮮膜重新包裝。

光看外表
就令人發嚎♪

装飾小技巧

用印模切割海苔，是裝飾便當所不可欠缺的壓邊模型工具。有各種形狀，可簡單切割細小的部分，是幼兒園孩童點心的至寶。

## RECIPE 75 魚兒棒狀飯糰

保存方法
冷藏 1日 / 冷凍 1週 / 加熱 OK

【材料】2 個飯糰分量

米飯 …………………… 120g
炸蝦（10㎝長，市售商品）
………………………… 2 隻
中濃醬汁 ………………… 少許
海苔 …… 5mm寬 × 12㎝ × 6 條
昆布佃煮 ………………… 1 片

【製作方法】

1 炸蝦淋上醬汁。

2 將米飯的一半分量在保鮮膜上薄薄地鋪成 10㎝方形，放上 1。使蝦子尾巴露出，用米飯包覆炸蝦，塑造成魚兒的形狀。

3 打開保鮮膜，用海苔 3 條環繞身體；再以吸管鑿穿兩邊，用昆布佃煮做成魚的眼睛。以同樣方式製作另一個飯糰。

### 裝飾小技巧

在保鮮膜上將米飯鋪平，用炸蝦當芯，再以捲壽司的要領包捲米飯。將炸蝦的尾巴露出來是重點所在。

玩捉迷藏！

和很有人氣的菜餚炸蝦

番外篇 特別日子的裝飾

飯糰很小，幼兒園孩童也容易捏住、食用

### 76 花兒棒狀飯糰

保存方法
冷藏 **1**日  加熱 **NG**

**【材料】** 4 個小飯糰分量

米飯 ························································· 100g
火腿、起司片 ······························· 各 1 片
甜椒（紅、黃）··························· 各 1/8 個
豌豆莢 ····································· 5 個小豆莢

**【製作方法】**

1. 將火腿、起司粗略切碎，再將甜椒的種籽與果蒂去除，塑造成直徑 2.5cm 的花型各 2 塊。將豌豆莢用鹽水煮軟後，再將 4 個對半斜切，另一個切細。

2. 將米飯、火腿、起司放入碗中混合拌勻，再將各 ¼ 分量分別盛在保鮮膜上，並包覆成棒狀。

3. 打開保鮮膜，參考照片，將甜椒、豌豆放在上面後重新包覆保鮮膜。

### 裝飾小技巧

由右上起順時針，依序是起司片、薄煎蛋、鹹蘿蔔乾、火腿。使用壓邊模型，以容易穿透、柔軟的素材塑造出各種花朵。

# 貓咪棒狀飯糰

【材料】2 本分

米飯 ·····················160g

**A** ┌ 蛋液 ··················½ 顆
　　└ 鹽 ····················少許

**B** ┌ 咖哩粉、法式清湯塊、鹽、胡椒
　　└ ·····················各少許

【製作方法】

**1** 將 **A** 倒入碗中混合拌匀。

**2** 將米飯、**B** 放入另一個碗中混合拌匀，再將各一半分量分別盛在保鮮膜上，包覆成棒狀後，捏成扁平的橢圓形。

**3** 將**2**的保鮮膜除去，放入**1**的蛋液中浸泡後，在平底鍋中燒烤兩面。將湯匙柄的部分用瓦斯爐的火烤熱後，在飯糰的表面推壓，描繪貓咪的眼睛與腳印。

以烙鐵壓模的要領，在蛋上繪畫就完成了！

## 裝飾小技巧

浸泡過蛋液後放入平底鍋中，烤一下又浸泡一次後再燒烤。反覆操作 3 次，裡面也要燒烤。

所用的湯匙即便燒焦也無妨（可在 100 日圓商店購買），將它烤至火紅的足夠熱度後進行描繪。湯匙若冷卻後請再烤熱。

# 包裝材料也可以很可愛！

製作棒狀飯糰時，也可使用蠟紙、束線帶及摺紙等，享受包裝材料的樂趣。
裝在盒子內時，欲使內容物也清晰可見需要一點巧思！

適合聚會或戶外食用！

可愛的外觀讓氣氛熱絡起來！

## 糖果
## 包裝法

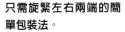

只需旋緊左右兩端的簡單包裝法。

將蠟紙切成22cm大小並斜置，再將飯糰放在中央。

從最靠近面前這邊起用蠟紙包覆飯糰。

旋緊蠟紙的左右兩端並固定。

---

## 春捲
## 包裝法

使用喜愛的包裝紙，包裝成小巧可愛的樣子。

將蠟紙切成22cm大小並斜置，再將飯糰放在中央。

依最靠近面前這邊、右、左的順序摺疊蠟紙。

從最靠近面前這邊旋繞飯糰一圈，蠟紙的兩端用膠帶固定。

番外篇
特別日子的裝飾

---

## 束線帶
## 包裝法

吃起來不會弄髒手的包裝法。

將保鮮膜切成30cm大小，再將飯糰放在中央稍靠右之處。將最靠近面前這邊與對邊的保鮮膜摺疊後向後方聚攏在一起。

將保鮮膜的右側由後方折回。

旋緊保鮮膜的左側，再用束線帶固定。保鮮膜太長時可用剪刀修剪。

---

## 一半
## 包裝法

用小的紙張也可製作，相當方便！

將保鮮膜所包覆的飯糰放在摺紙的下半部分。

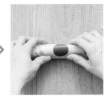

在飯糰的周圍捲起摺紙。

邊壓住摺紙（容易鬆掉時可用膠帶固定）邊旋緊右側固定。

# 食材別 INDEX

食材別 INDEX

PROFILE

## 檀野真理子（ダンノ マリコ）

1973年生，日本東京都出身。從事食物樣式造型工作，另也從事與米飯相配的菜餚為主題舉辦活動。著作有《在保存瓶中封入季節與美味。當令的味覺202食譜》（主婦之友社）、《食物設計師的創意滿分 受到讚美的便當》(主婦與生活社)等。

TITLE

## 免捏棒狀飯糰

| STAFF | | ORIGINAL JAPANESE EDITION STAFF | |
|---|---|---|---|
| 出版 | 三悅文化圖書事業有限公司 | 調理アシスタント | 川嵜美保 |
| 作者 | 檀野真理子 | ブックデザイン | 中川智貴（STUDIO DUNK） |
| 譯者 | 余明村 | 撮影 | 市瀬真以（STUDIO DUNK） |
| 監譯 | 高詹燦 | 取材・文 | 竹川有子 |
| | | 校正 | ぷれす |
| 總編輯 | 郭湘齡 | 協力 | UTUWA　03-6447-0070 |
| 責任編輯 | 黃思婷 | | |
| 文字編輯 | 黃美玉 | | |
| 美術編輯 | 陳靜治 | | |
| 排版 | 曾兆珩 | | |
| 製版 | 明宏彩色照相製版有限公司 | | |
| 印刷 | 桂林彩色印刷股份有限公司 | | |

| | |
|---|---|
| 法律顧問 | 經兆國際法律事務所　黃沛聲律師 |
| 戶名 | 瑞昇文化事業股份有限公司 |
| 劃撥帳號 | 19598343 |
| 地址 | 新北市中和區景平路464巷2弄1-4號 |
| 電話 | (02)2945-3191 |
| 傳真 | (02)2945-3190 |
| 網址 | www.rising-books.com.tw |
| Mail | resing@ms34.hinet.net |
| 初版日期 | 2017年7月 |
| 定價 | 250元 |

國家圖書館出版品預行編目資料

免捏棒狀飯糰 / 檀野真理子作；
余明村譯. -- 初版. -- 新北市：
三悅文化圖書, 2017.07
128　面；18.2 x 25.7　公分
ISBN 978-986-94885-0-1(平裝)

1.飯粥 2.食譜

427.35　　　　　　　　106008015

國內著作權保障，請勿翻印 ／ 如有破損或裝訂錯誤請寄回更換
STICK ONIGIRI
© Mariko Danno & Shufunotomo Infos Johosha Co., LTD.2016
Originally published in Japan by Shufunotomo Infos Johosha Co.,Ltd.
Translation rights arranged with Shufunotomo Co., Ltd.
Through DAIKOUSHA INC.,Kawagoe